獻給班和米莉蒂——發光發熱吧！愛你們。
——凱瑞兒‧哈特

獻給威爾、丹妮、艾莉、莉亞以及考夫曼。
想體驗最棒的星際旅行，
你一定要搭火箭，並帶上一隻小狗！
——貝森‧伍文

嗨！太陽系的星朋友

文　字	凱瑞兒‧哈特 (Caryl Hart)
繪　圖	貝森‧伍文 (Bethan Woollvin)
譯　者	吳寬柔
責任編輯	顏欣愉
美術編輯	黃顯喬

發 行 人	劉振強
出 版 者	三民書局股份有限公司
地　址	臺北市復興北路 386 號 (復北門市)
	臺北市重慶南路一段 61 號 (重南門市)
電　話	(02)25006600
網　址	三民網路書店 https://www.sanmin.com.tw

出版日期	初版一刷 2020 年 8 月
書籍編號	S859181
I S B N	978-957-14-6862-4

Text copyright © Caryl Hart 2019
Illustration copyright © Bethan Woollvin 2019
together with the following acknowledgment: This translation of *Meet the Planets* is published by San Min Book Co., Ltd. by arrangement with Bloomsbury Publishing Plc., through Andrew Nurnberg Associates International Limited.
Traditional Chinese copyright © 2020 by San Min Book Co., Ltd.
ALL RIGHTS RESERVED

嗨！太陽系的星朋友

凱瑞兒·哈特 (Caryl Hart)／文

貝森·伍文 (Bethan Woollvin)／圖

吳寬柔／譯

三民書局

白天，明亮的太陽放光芒，
夜晚，皎潔的月亮悄登場，
關上房裡溫暖的燈光，
美麗的繁星在夜空閃亮。

你一定很難想像，
這些看起來渺小的星星，
並不是閃閃發光的亮片，
而是一顆顆行星、月亮和太陽！

那麼……

讓我們踏上精彩的旅程，
拜訪又高又遠的行星。
開汽車或搭巴士，
都到不了遙遠的目的地，

所以ㄙㄨㄛˇㄧˇ我ㄨㄛˇ們ㄇㄣˊ要ㄧㄠˋ登ㄉㄥ上ㄕㄤˋ火ㄏㄨㄛˇ箭ㄐㄧㄢˋ，
飛ㄈㄟ向ㄒㄧㄤˋ無ㄨˊ垠ㄧㄣˊ的ㄉㄜ˙星ㄒㄧㄥ際ㄐㄧˋ！

哈囉！我是太陽——
很高興認識你！
我是天空中最大的星體。
我很友善，但別靠得太近，
不然會被燙得火燒屁屁！

我的高溫讓白天暖洋洋，
我的光芒讓植物綠油油。
但是，當心囉！
我一定是你見過，

最兇猛、最炎熱的
大火球！

我是水星——

我敢說你一定追不上我！

我繞著太陽全速前進，

每秒鐘往前衝五十公里，

我是快如閃電的行星！

耶ㄝˊ－咿ㄧ－咿ㄧ－咿ㄧ－咿ㄧ－咿ㄧ－咿ㄧ－咿ㄧ－咿ㄧ－！

親愛的！你們好，
我是金星——
和美麗之神維納斯同名。
別看我外表如此美麗，
其實我兇猛狂熱又致命！
我全身布滿滾燙的火山，
無比炎熱，從早到晚。
雖然我是住在你隔壁的好鄰居，
但你最好還是別來找我玩！

哈囉，我是**地球**——
你一定對我很熟悉。
我穿著漂亮的藍綠外衣，
身上住著成千上萬的居民，
而且其中一個就是

你！

我有高山、海洋及森林，
還有乾淨的水和空氣。
我是獨一無二的行星，
能擁有我，你超級**幸運**！

噓！親愛的，我是銀色的月亮——
你在睡夢時，我在夜空中守望。
但是在白天，有時候你會發現，
我就像是幽靈一樣偷掛在天上！

嘿唷！我是火星——你們好嗎？
這裡的大伙兒都叫我「小紅」，
因為討人厭的風，
把紅色的塵土吹得我滿頭都是。

我的冬天寒冷無比，
沒有食物和水，只有冰！
但是登上高聳的火山看一看，
那兒的風景包準你說讚！

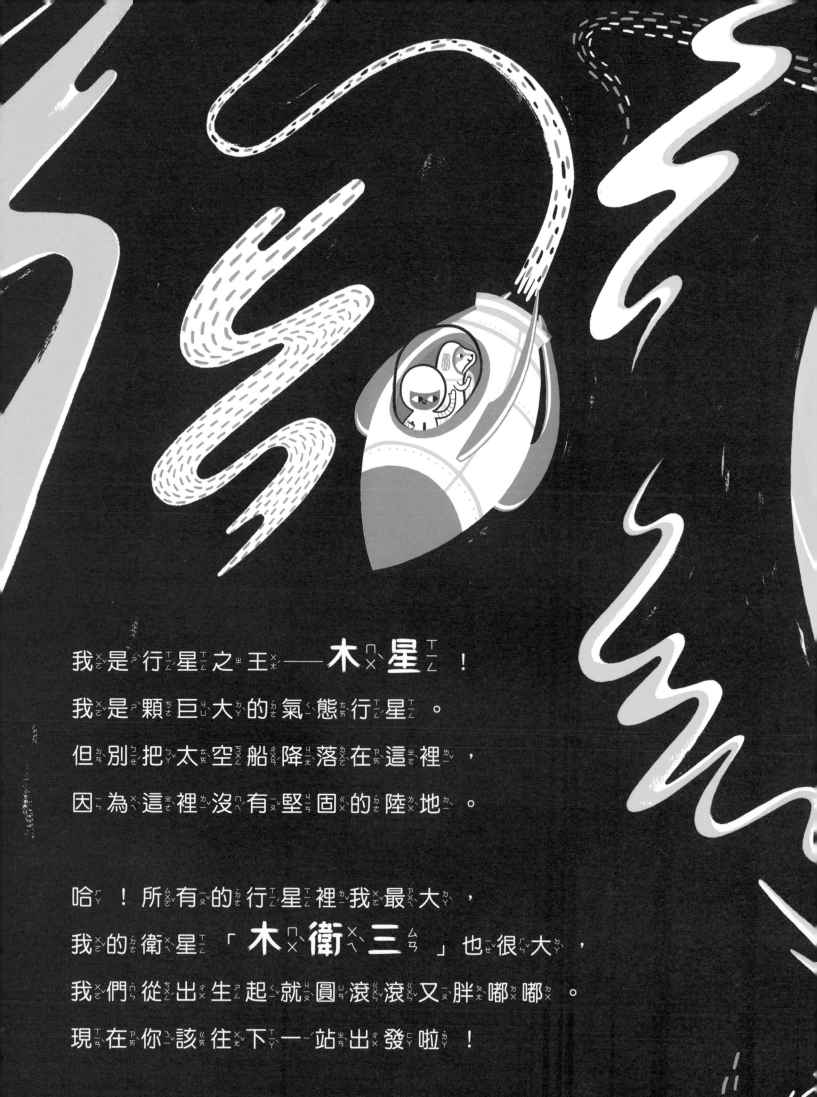

我是行星之王——木星！
我是顆巨大的氣態行星。
但別把太空船降落在這裡，
因為這裡沒有堅固的陸地。

哈！所有的行星裡我最大，
我的衛星「木衛三」也很大，
我們從出生起就圓滾滾又胖嘟嘟。
現在你該往下一站出發啦！

我名叫土星——喔！我是否令你著迷？

你必須同意，我是那麼美麗。

看看我的光環，不覺得很耀眼嗎？

它們和石塊、碎冰一起閃閃發亮！

人類不得不讚嘆我，
我是你們見過最美的星球。
照片拍一百張也不嫌多，
快服從我這高貴的皇后！

我是天王星——

天啊！我都凍……凍僵了！

我旋轉、颶風，是顆巨大冰球。

可惜你沒辦法登陸探索，

因為我身上連一顆

石頭都沒有！

我是海王星——
大家都叫我「冰巨行星」，
結凍的天空是我的藍色大衣。
從地球到這裡要經過遙遠的距離，
一個人有時會感到孤寂，
所以看見你我超級開心！

唷ㄡ呼ㄏㄨ！是ㄕ我ㄨㄛ！小ㄒㄧㄠ小ㄒㄧㄠ冥ㄇㄧㄥ王ㄨㄤ星ㄒㄧㄥ——
我ㄨㄛ是ㄕ顆ㄎ迷ㄇㄧ你ㄋㄧ的ㄉㄜ矮ㄞ行ㄒㄧㄥ星ㄒㄧㄥ。
這ㄓㄜ是ㄕ我ㄨㄛ的ㄉㄜ好ㄏㄠ伙ㄏㄨㄛ伴ㄅㄢ「冥ㄇㄧㄥ衛ㄨㄟ一ㄧ」，
我ㄨㄛ們ㄇㄣ到ㄉㄠ哪ㄋㄚ裡ㄌㄧ都ㄉㄡ在ㄗㄞ一ㄧ起ㄑㄧ！

現在是時候回家囉！
回到漫長旅程的終點──地球。
我們經歷了一場最棒的探險，
而且結交了許許多多的「星」朋友！

下次進入舒服的夢鄉前，
不妨看看那閃爍的星夜。
你會看見所有的「星」朋友們
正對著你微笑，
這時何不向他們揮揮手，
大聲說「嗨」呢？